Richard Bowdler Sharpe

A Monograph of the Hirundinidae or Family of Swallows

Richard Bowdler Sharpe

A Monograph of the Hirundinidae or Family of Swallows

ISBN/EAN: 9783744758642

Printed in Europe, USA, Canada, Australia, Japan

Cover: Foto ©ninafisch / pixelio.de

More available books at **www.hansebooks.com**

A MONOGRAPH

OF THE

HIRUNDINIDÆ

OR

FAMILY OF SWALLOWS.

BY

R. BOWDLER SHARPE, LL.D., F.L.S., F.Z.S., Etc.,
DEPARTMENT OF ZOOLOGY, BRITISH MUSEUM;
HOLDER OF THE GOLD MEDAL FOR SCIENCE FROM H.I.M. THE EMPEROR OF AUSTRIA;
M.A. (Hon.) BATES COLLEGE, U.S.A.; HON. MEMBER OF THE NEW-ZEALAND INSTITUTE;
FOREIGN MEMBER OF THE ROYAL ACADEMY OF SCIENCES OF LISBON; HON. MEMBER OF THE ROYAL ZOOLOGICAL SOCIETY
('NATURA ARTIS MAGISTRA') OF AMSTERDAM; FOREIGN MEMBER OF THE AMERICAN ORNITHOLOGISTS' UNION;
MEMBER OF THE ROYAL SOCIETY OF NATURALISTS OF MOSCOW; FOREIGN MEMBER OF THE ZOOLOGICAL SOCIETY OF FRANCE;
MEMBER OF THE BRITISH ORNITHOLOGISTS' UNION, ETC. ETC.;

AND

CLAUDE W. WYATT,
MEMBER OF THE BRITISH ORNITHOLOGISTS' UNION.

VOLUME II.

LONDON:
HENRY SOTHERAN & CO.,
37 PICCADILLY, W. | 140 STRAND, W.C.
1885-1894.

LIST OF PLATES.

VOL. I.

PLATE 1. Chelidon urbica (*young*).
,, 2.   ,,   ,,   (*adult*).
,, 3.   ,,   cashmiriensis.
,, 4.   ,,   dasypus.
,, 5.   ,,   lagopus.
,, 6.   ,,   nipalensis.
,, 7. *Map of Range of the Genus* Chelidon.
,, 8.   ,,   ,,   ,,   ,,
,, 9. Cotile riparia.
,, 10.   ,,   cincta.
,, 11.   ,,   paludicola.
,, 12.   ,,   minor.
,, 13.   ,,   cowani.
,, 14.   ,,   sinensis.
,, 15. Biblis * rupestris.
,, 16.   ,,   obsoleta.
,, 17.   ,,   fuligula.
,, 18.   ,,   rufigula.
,, 19.   ,,   concolor.
,, 20. Tachycineta albiventris.
,, 21.   ,,   leucorrhous.
,, 22.   ,,   albilinea.
,, 23.   ,,   meyeni.
,, 24.   ,,   bicolor.
,, 25.   ,,   thalassinus.
,, 26.   ,,   cyaneoviridis.
,, 27. Phedina borbonica.
,, 28.   ,,   madagascariensis.
,, 29.   ,,   brazzæ.

* Printed Cotyle on Plates 15–19 (see pp. 41, 97).

PLATE 30. *Map of the Genus* Cotile.
,,   31.   ,,   *the Genera* Cotile *and* Tachycineta.
,,   32.   ,,   ,,   ,,   ,,
,,   33.   ,,   *the Genus* Biblis.
,,   34.   ,,   *the Genera* Biblis *and* Tachycineta.
,,   35.   ,,   *the Genus* Tachycineta.
,,   36.   Hirundo rustica (*moulting*).
,,   37.   ,,   ,,   (*young*).
,,   38.   ,,   ,,   (*adult*).
,,   39.   ,,   savignii.
,,   40.   ,,   gutturalis.
,,   41.   ,,   tytleri.
,,   42.   ,,   erythrogastra.
,,   43.   *Map of the Genera* Pheslina *and* Hirundo.
,,   44.   ,,   *the Genus* Hirundo.
,,   45.   ,,   ,,   ,,
,,   46.   Hirundo tahitica.
,,   47.   ,,   javanica.
,,   48.   ,,   neoxena.
,,   49.   ,,   angolensis.
,,   50.   ,,   arcticincta.
,,   51.   ,,   lucida.
,,   52.   ,,   albigularis.
,,   53.   ,,   aethiopica.
,,   54.   ,,   leucosoma.
,,   55.   ,,   dimidiata.
,,   56.   ,,   nigrita.
,,   57.   ,,   atrocoerulea.
,,   58.   ,,   nigrorufa.
,,   59.   ,,   smithii (*female and young*).
,,   60.   ,,   ,,   (*adult male*).
,,   61.   ,,   griseopyga.
,,   62.   ,,   cucullata.
,,   63.   ,,   puella.
,,   64.   ,,   rufula.

LIST OF PLATES.
VOL. II.

PLATE 65. Hirundo daurica.
" 66. " striolata.
" 67. " nipalensis.
" 68. " erythropygia.
" 69. " melanocrissa.
" 70. " domicella.
" 71. " emini
" 72. " hyperythra.
" 73. " semirufa.
" 74. " senegalensis.
" 75. " monteiri.
" 76. " euchrysea.
" 77. " sclateri.
" 78. *Map of the Genus* Hirundo.
" 79. " " "
" 80. " *the Genera* Hirundo, Cheramœca, *and* Progne.
" 81. " " Hirundo *and* Progne.
" 82. " " Hirundo, Progne, *and* Atticora.
" 83. " " Hirundo, Atticora, *and* Petrochelidon.
" 84. " " " " "
" 85. " " " " "
" 86. Cheramœca leucosternum.
" 87. Progne purpurea.
" 88. " hesperia.
" 89. " furcata.
" 90. " concolor.
" 91. " dominicensis.
" 92. " chalybea.
" 93. " tapera.

PLATE 94. *Map of the Genus* Progne.
,, 95. Atticora fasciata.
,, 96. ,, cinerea.
,, 97. ,, tibialis.
,, 98. ,, melanoleuca.
,, 99. ,, cyanoleuca.
,, 100. ,, pileata.
,, 101. ,, fucata.
,, 102. *Map of the Genera* Atticora *and* Petrochelidon.
,, 103. Petrochelidon nigricans.
,, 104. ,, pyrrhonota.
,, 105. ,, swainsoni.
,, 106. ,, swainsoni erythrogastra.
,, 107. ,, fulva.
,, 108. ,, ruficollaris.
,, 109. ,, rufigula.
,, 110. ,, spilodera.
,, 111. ,, fluvicola.
,, 112. ,, ariel.
,, 113. *Map of the Genera* Petrochelidon *and* Psalidoprocne.
,, 114. Psalidoprocne holomelæna.
,, 115. ,, obscura.
,, 116. ,, nitens.
,, 117. ,, orientalis.
,, 118. ,, antinorii.
,, 119. ,, petiti.
,, 120. ,, fuliginosa.
,, 121. ,, pristoptera.
,, 122. ,, albiceps.
,, 123. *Map of the Genus* Psalidoprocne.
,, 124. ,, ,,
,, 125. Stelgidopteryx serripennis.
,, 126. ,, ruficollis.
,, 127. ,, uropygialis.
,, 128. *Map of the Genus* Stelgidopteryx.
,, 129. ,, ,, ,,

CHELIDON URBICA
(young)

CHELIDON DASYPUS.

CHELIDON LAGOPODA.

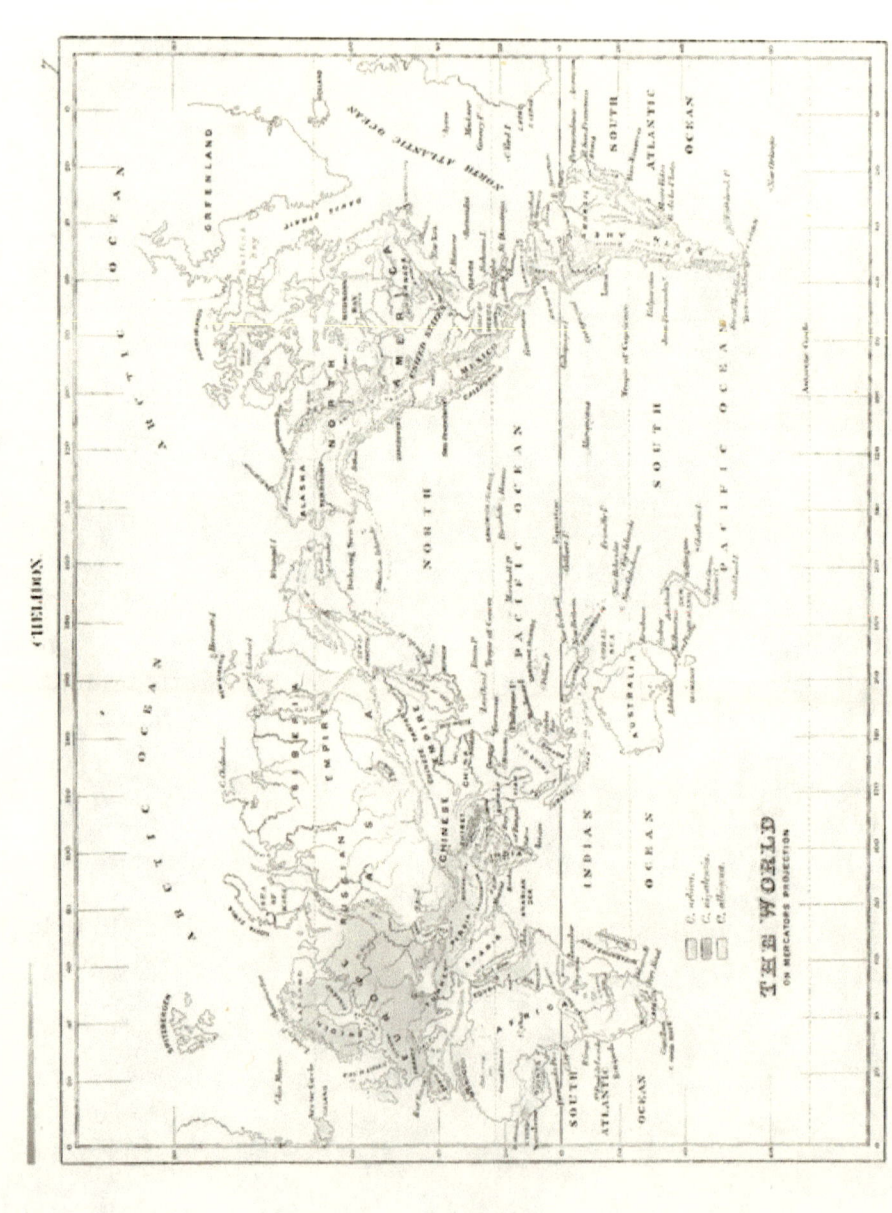

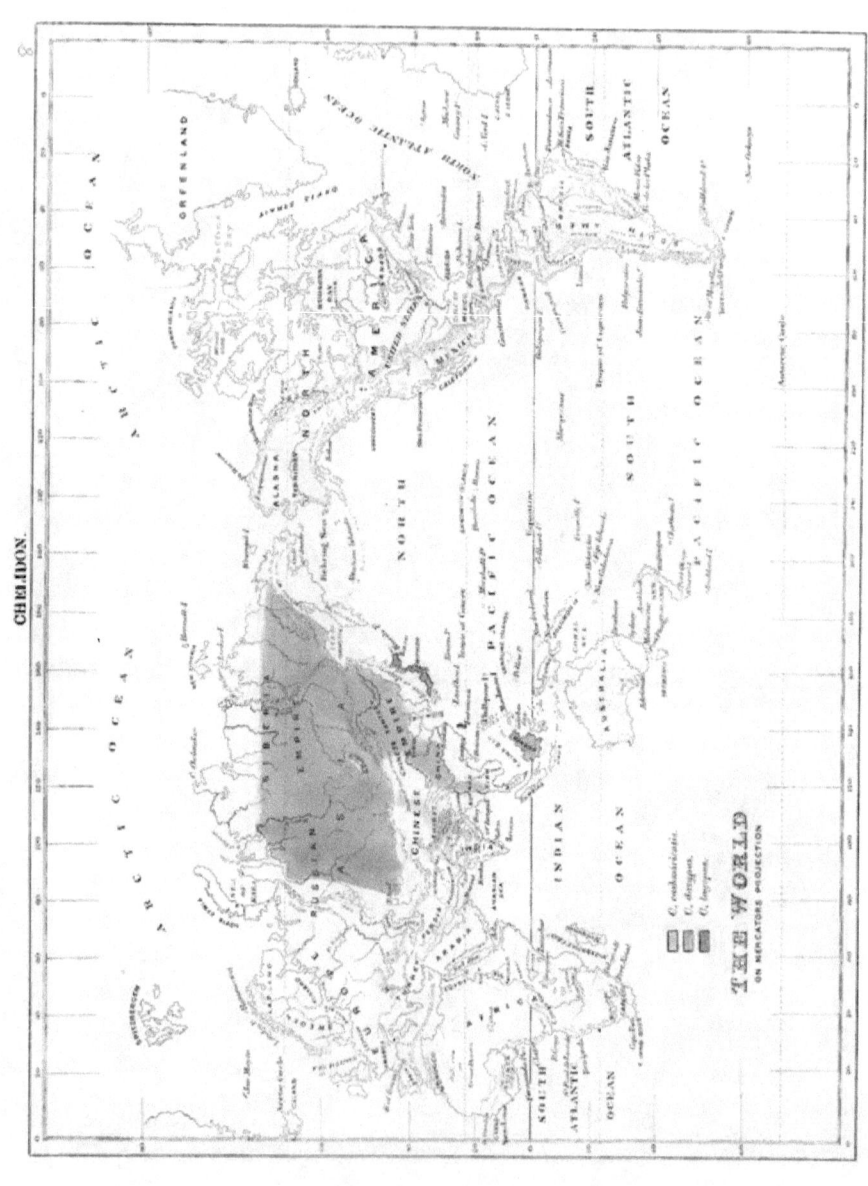

COTILE MINOR

COTILE COWANI

COTILE SINENSIS

COTILE RUPESTRIS

COTILE OBSOLETA.

COTILE RUFIGULA

TACHYCINETA ALBIVENTRIS

TACHYCINETA LEUCORRHOUS.

TACHYCINETA MEYENI

TACHYCINETA BICOLOR.

TACHYCINETA CYANEOVIRIDIS.

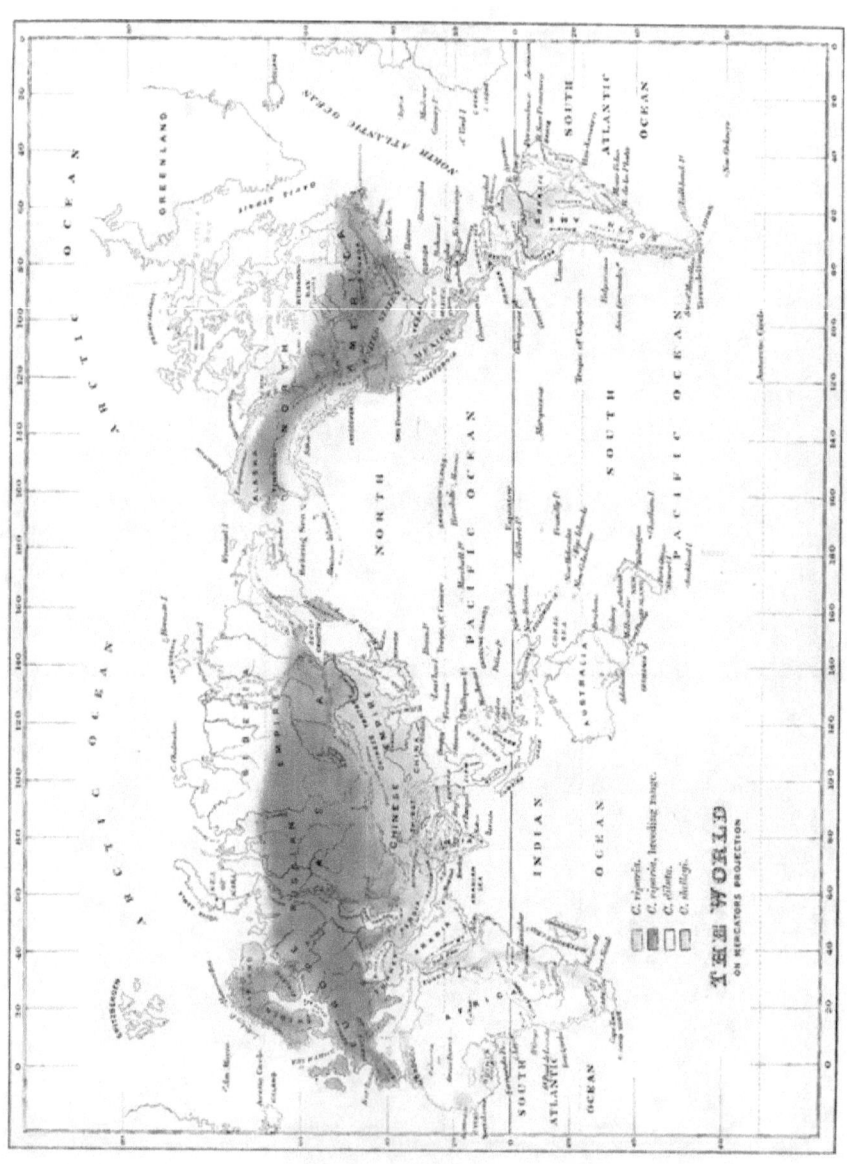

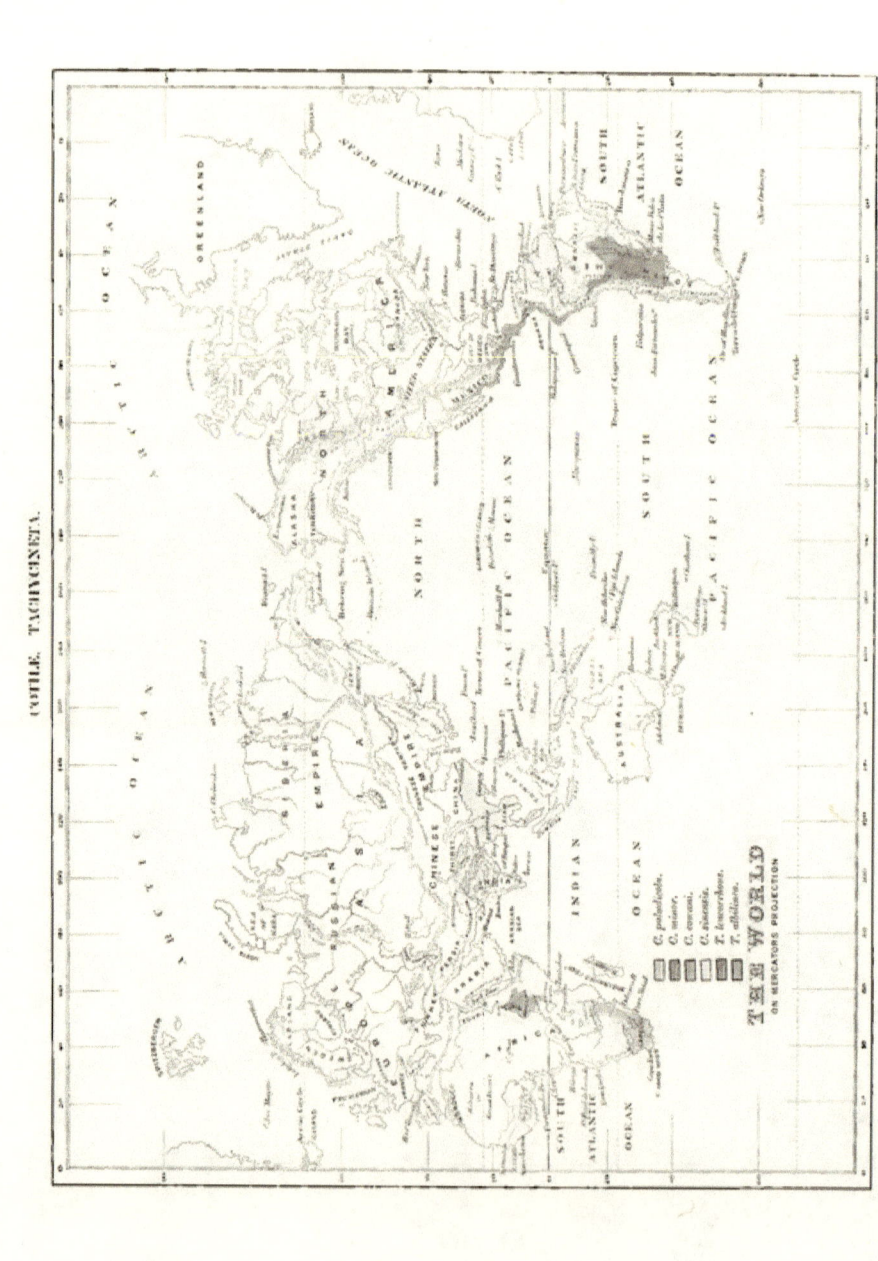

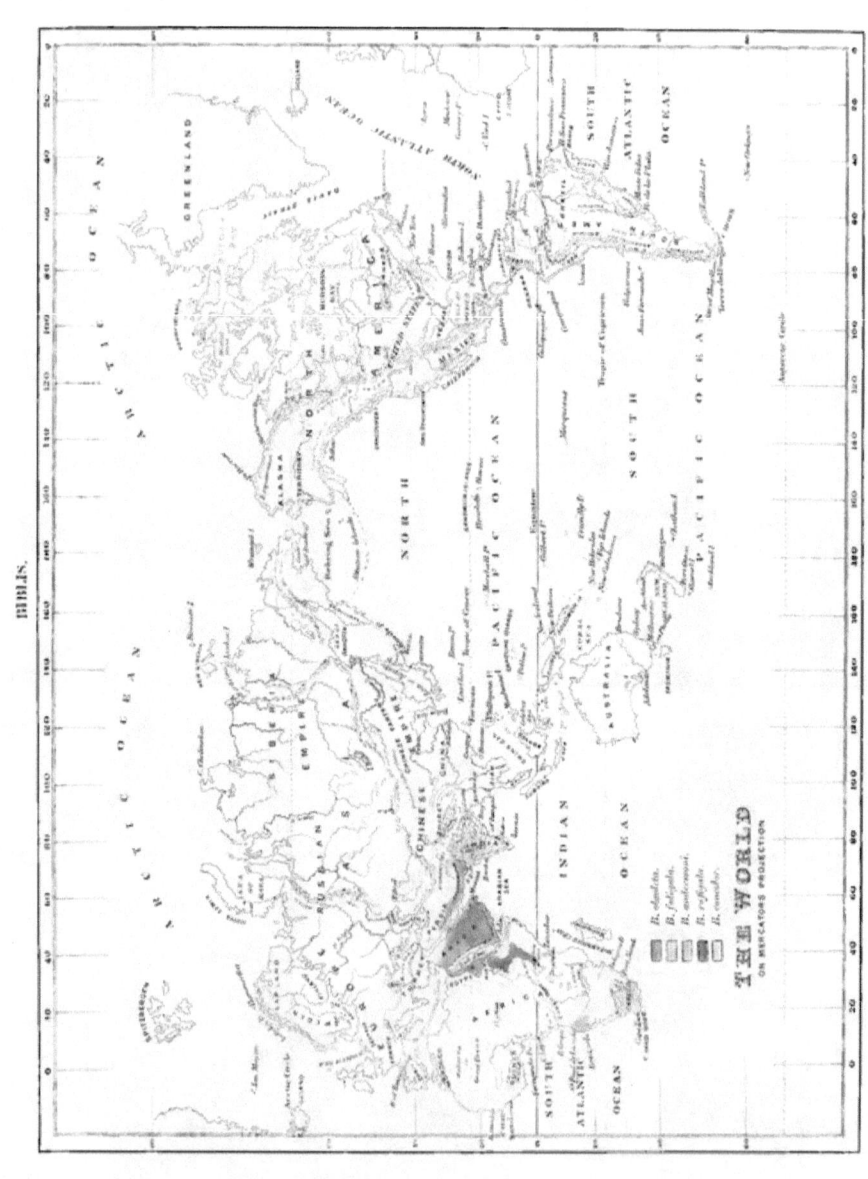

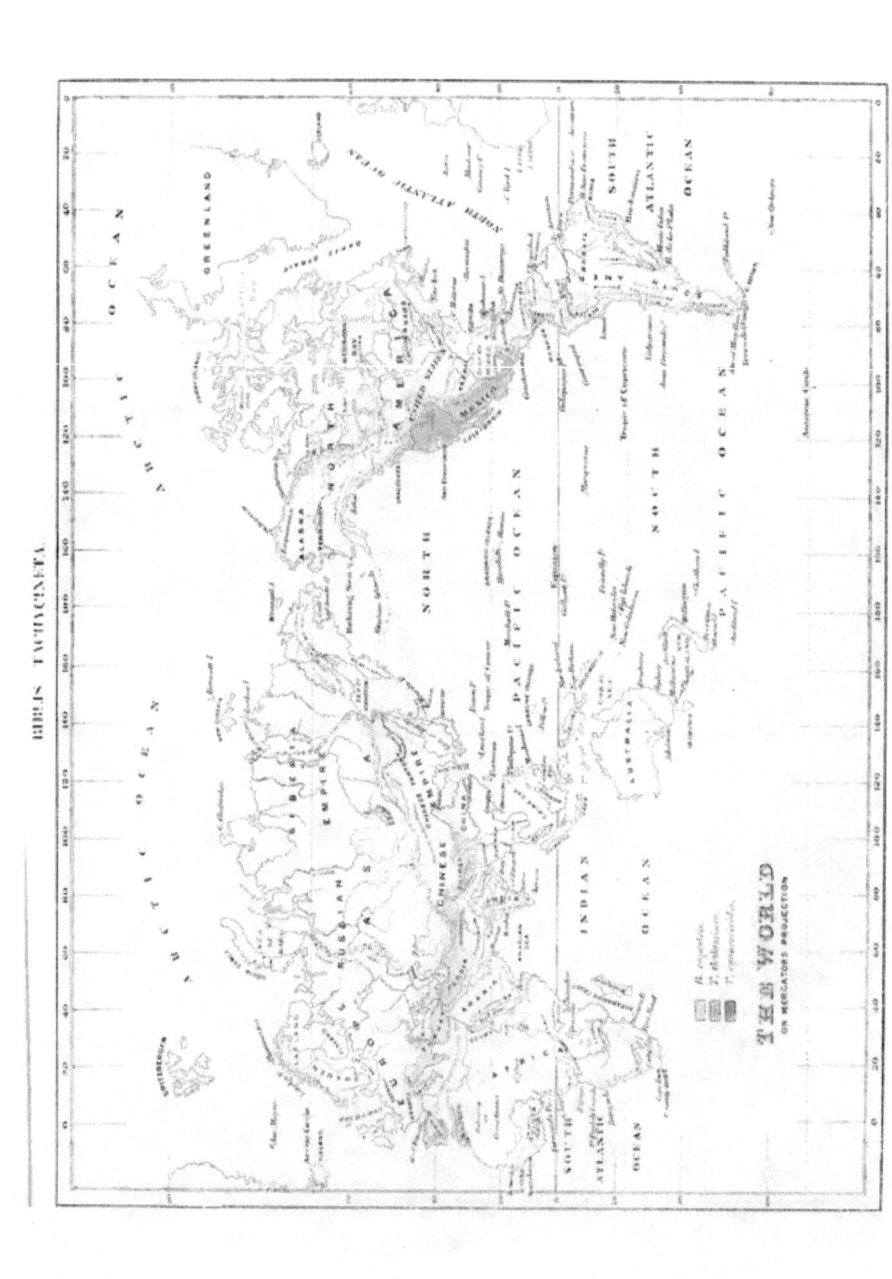

TACHYCINETA.

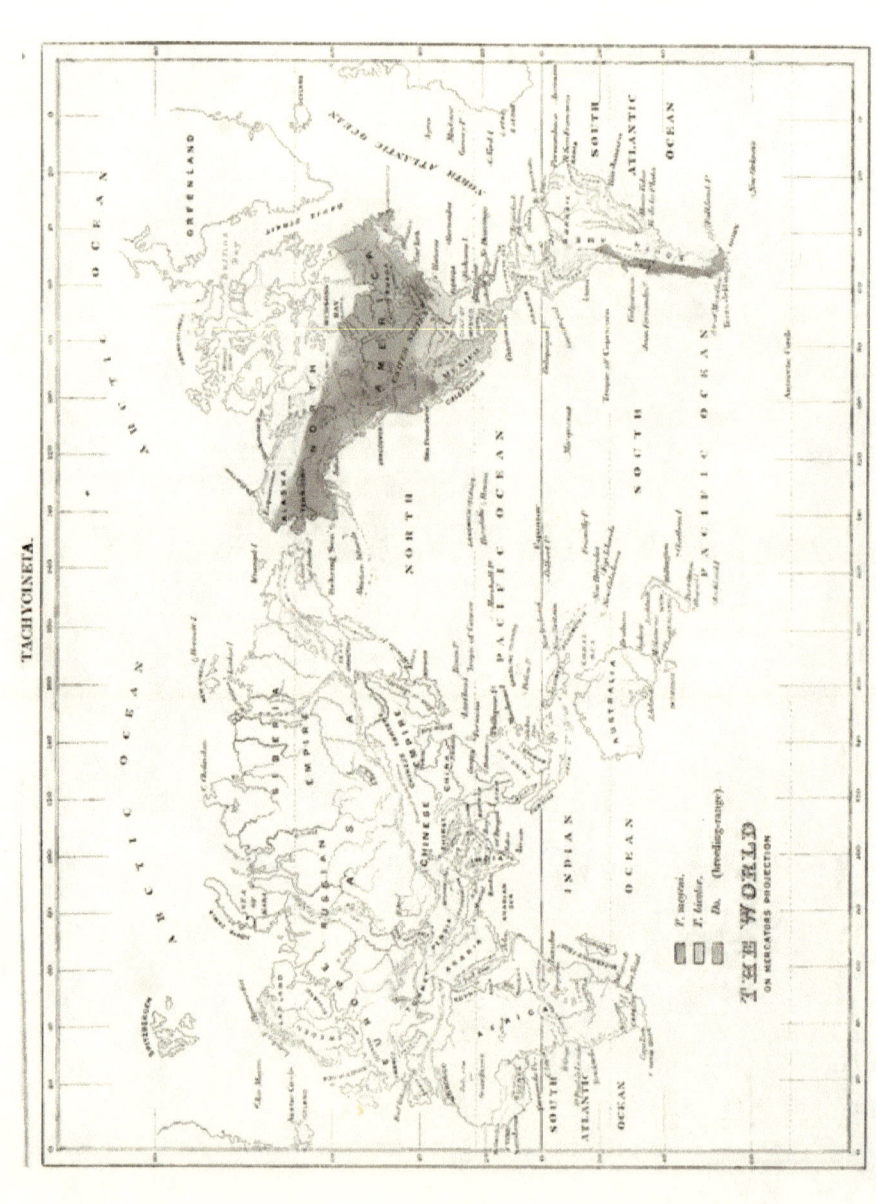

+ HIRUNDO RUSTICA
moulting.
(SOUTH AFRICA.)

HIRUNDO RUSTICA

HIRUNDO TYTLERI.

HIRUNDO ERYTHROGASTRA

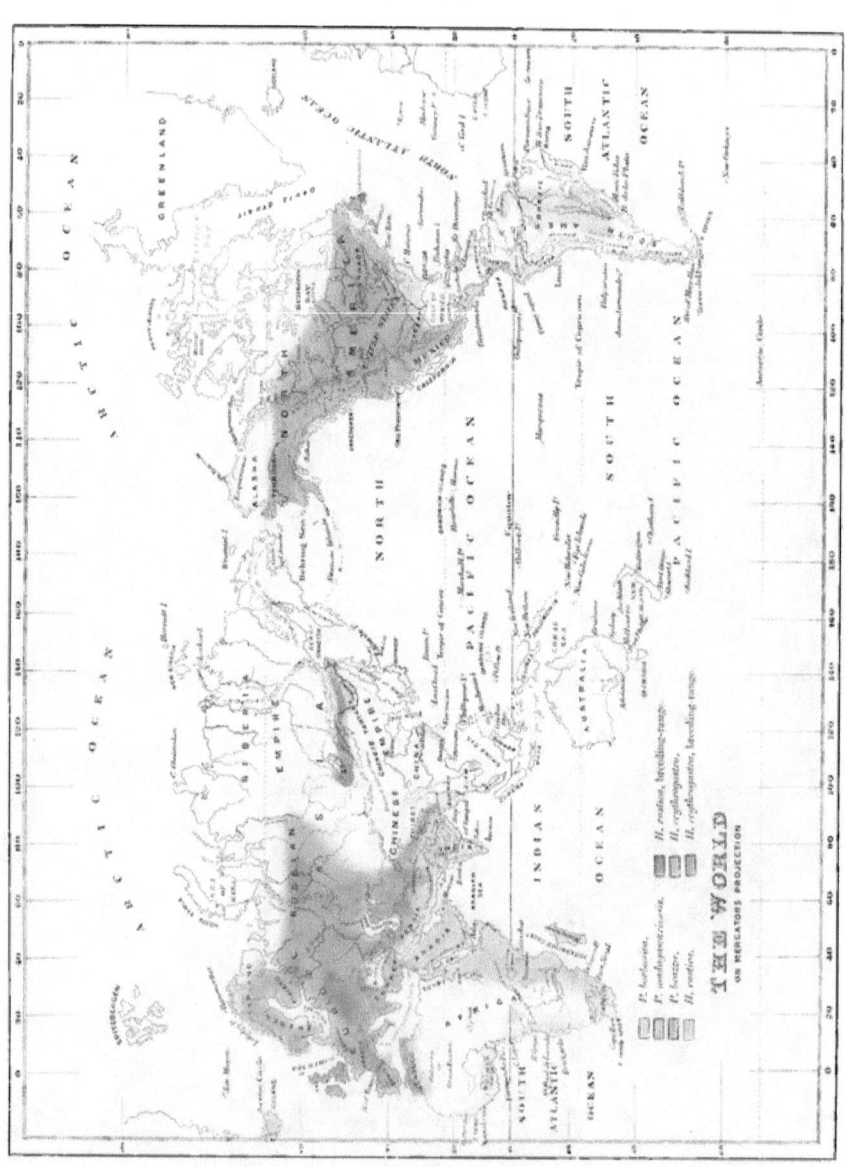

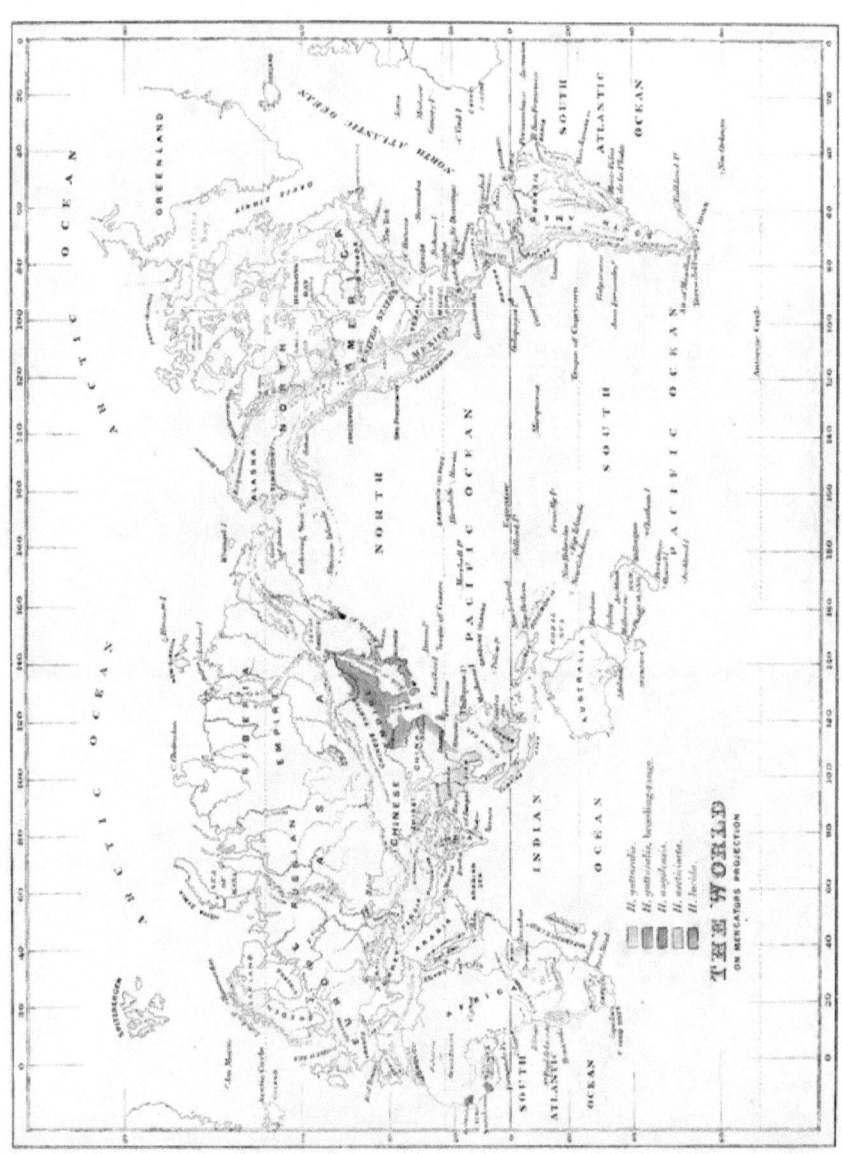

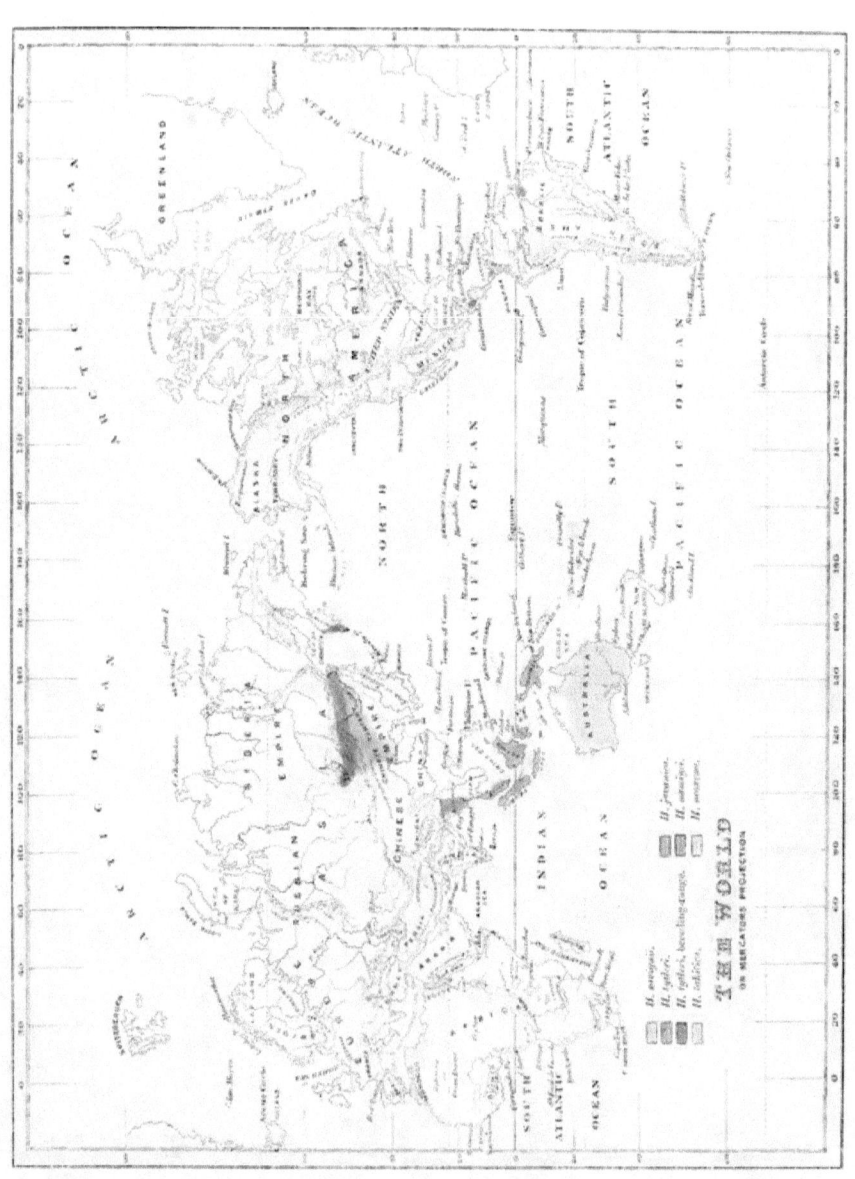

HIRUNDO TAHITICA

HIRUNDO ANGOLENSIS.

HIRUNDO LUCIDA.

HIRUNDO ÆTHIOPICA.

HIRUNDO NIGRITA

HIRUNDO ATROCÆRULEA

HIRUNDO NIGRORUFA.

HIRUNDO SMITHII.

HIRUNDO SMITHII.

HIRUNDO GRISEOPYGA.

HIRUNDO CUCULLATA.

HIRUNDO RUFULA.

HIRUNDO STRIOLATA.
(KAREN-NEE)

HIRUNDO NIPALENSIS

HIRUNDO MELANOCRISSA

HIRUNDO DOMICELLA

HIRUNDO EMINI.

HIRUNDO HYPERYTHRA

HIRUNDO SEMIRUFA

HIRUNDO SENEGALENSIS.

HIRUNDO EUCHRYSEA.

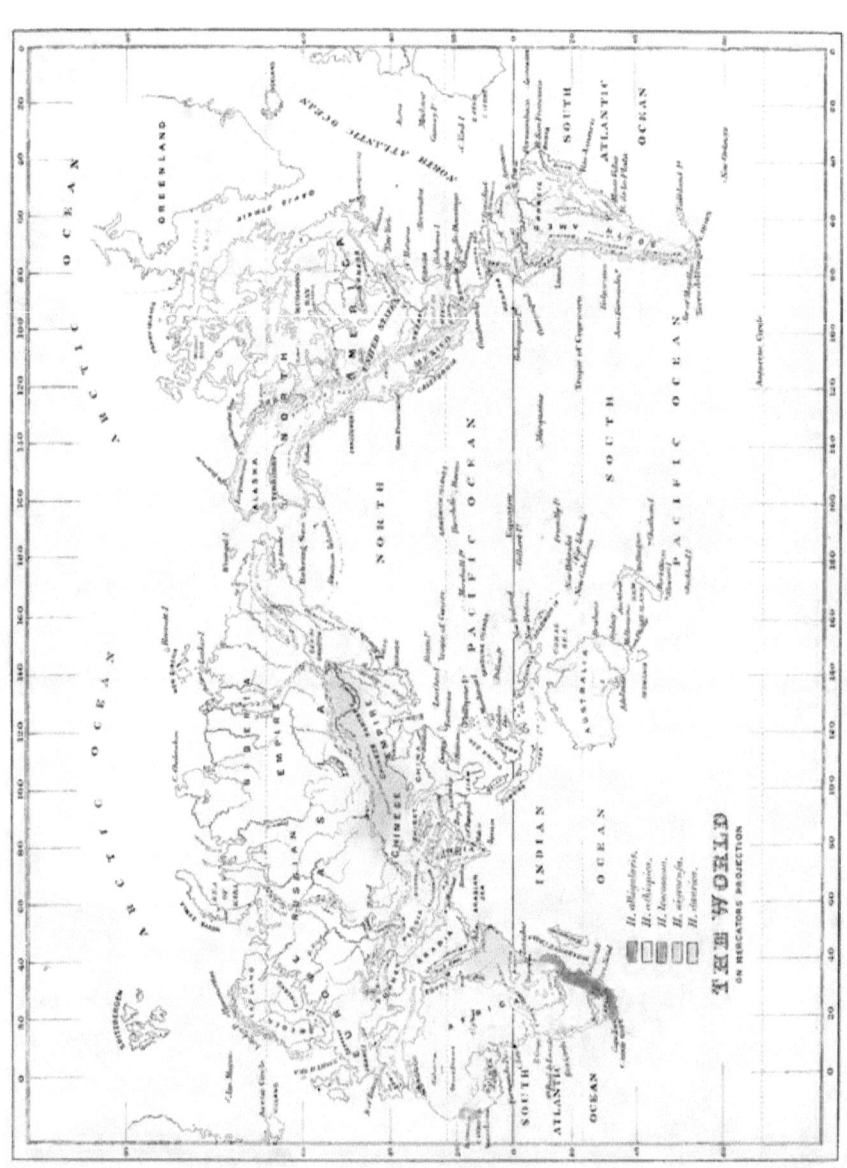

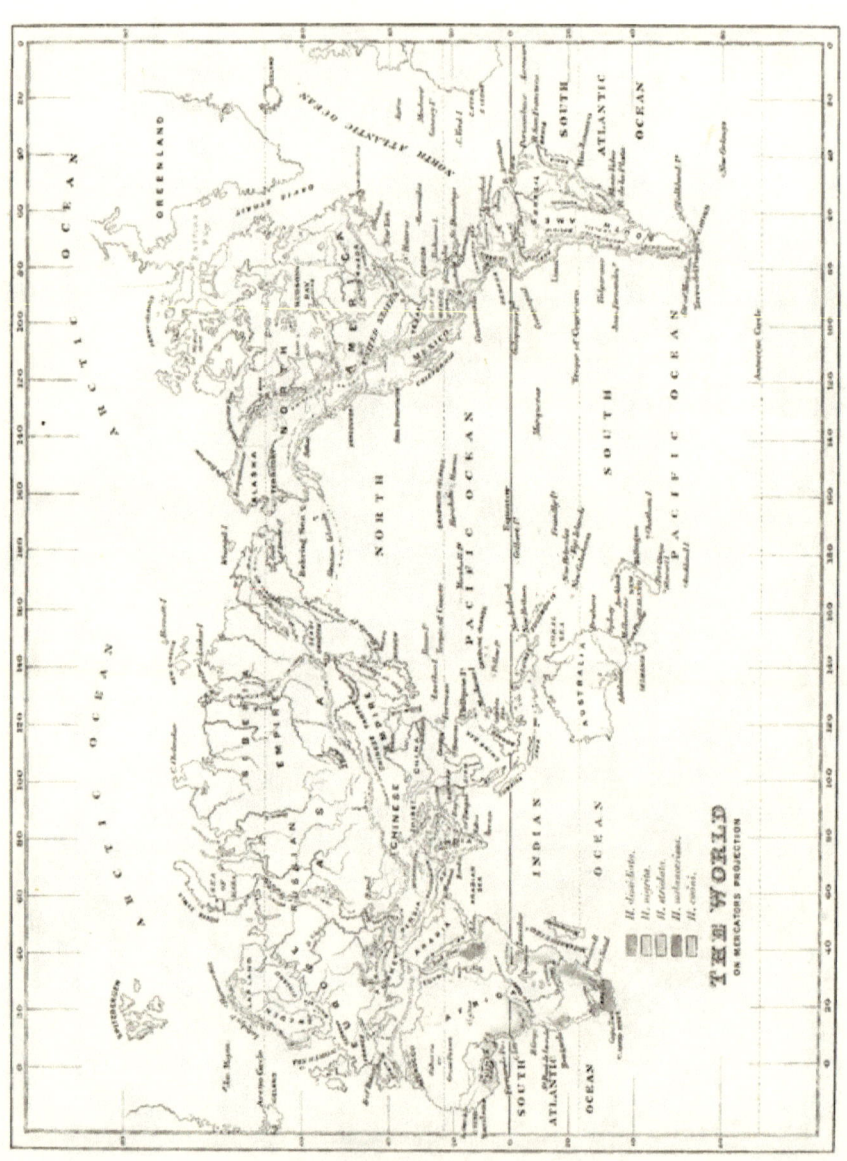

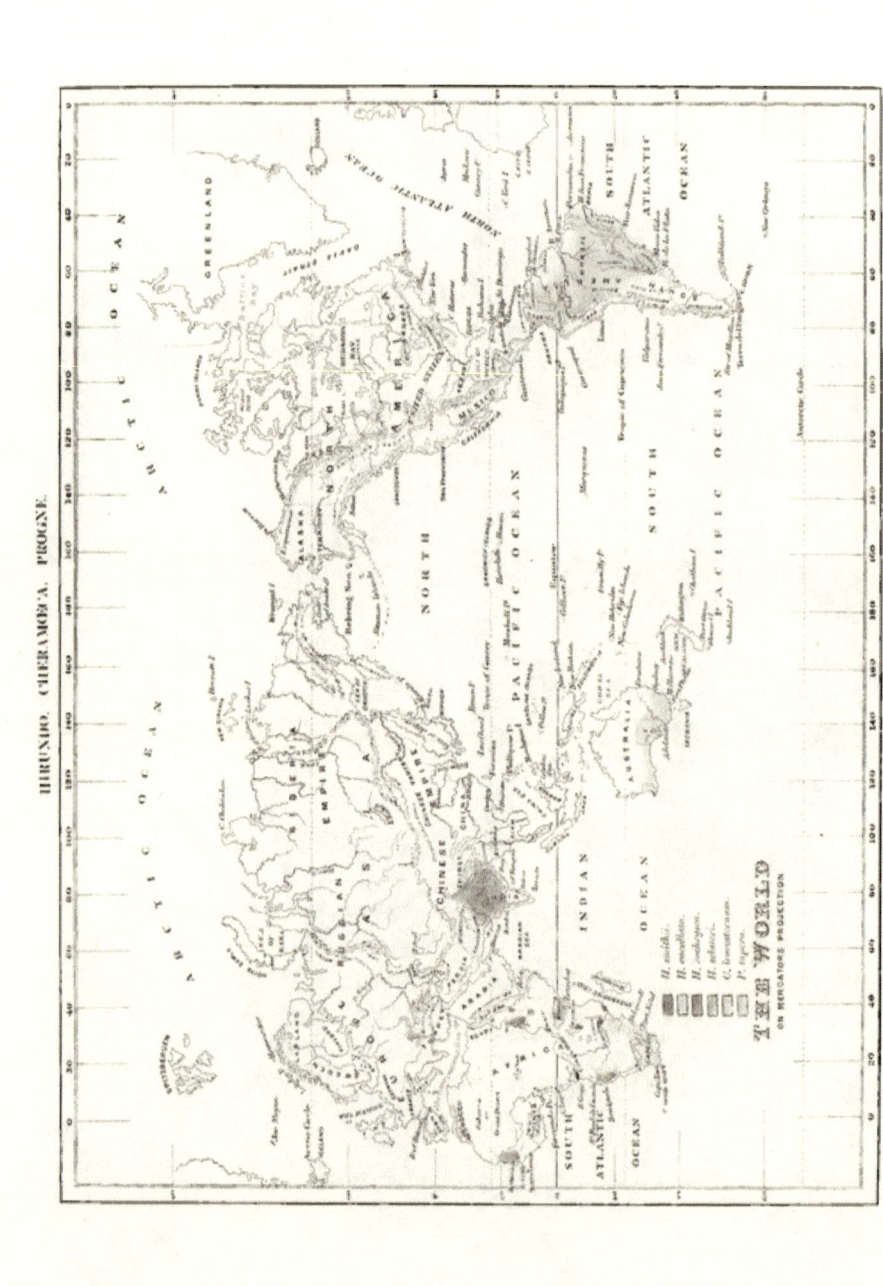

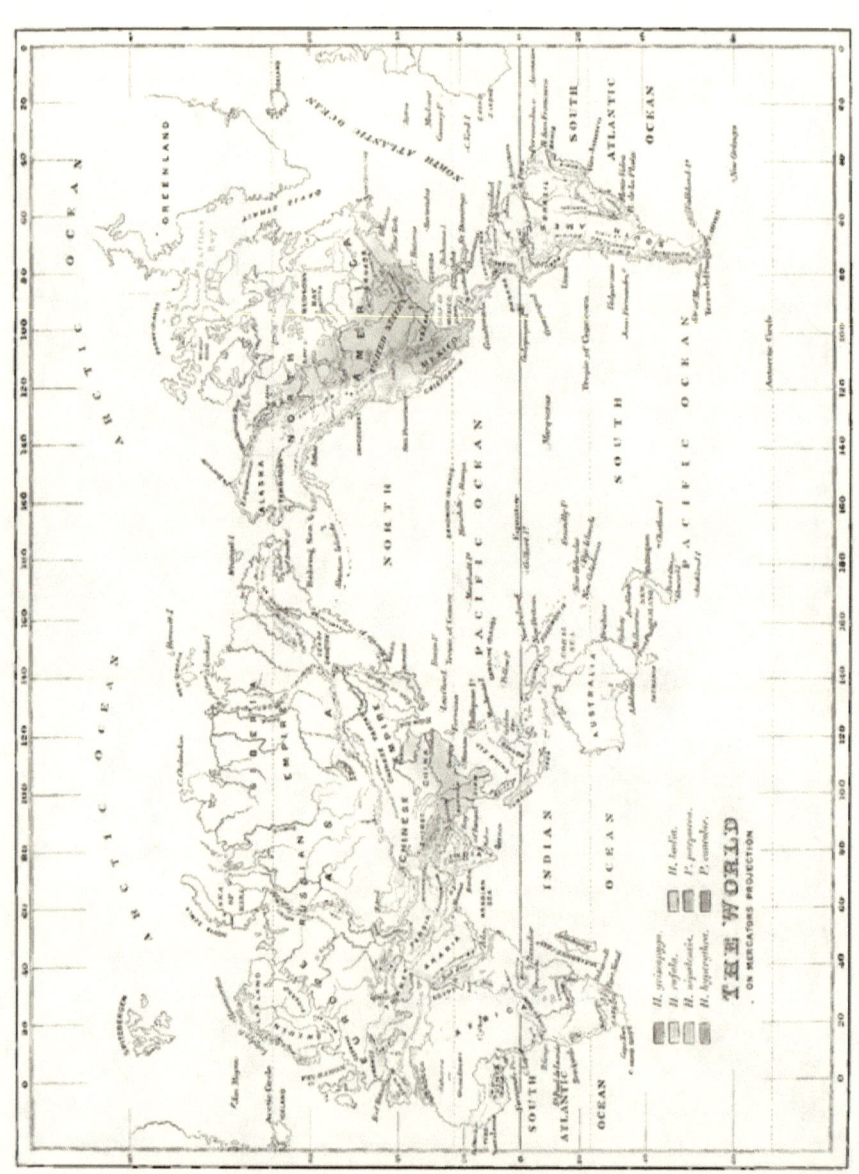

HIRUNDO. PROGNE. ATTICORA.

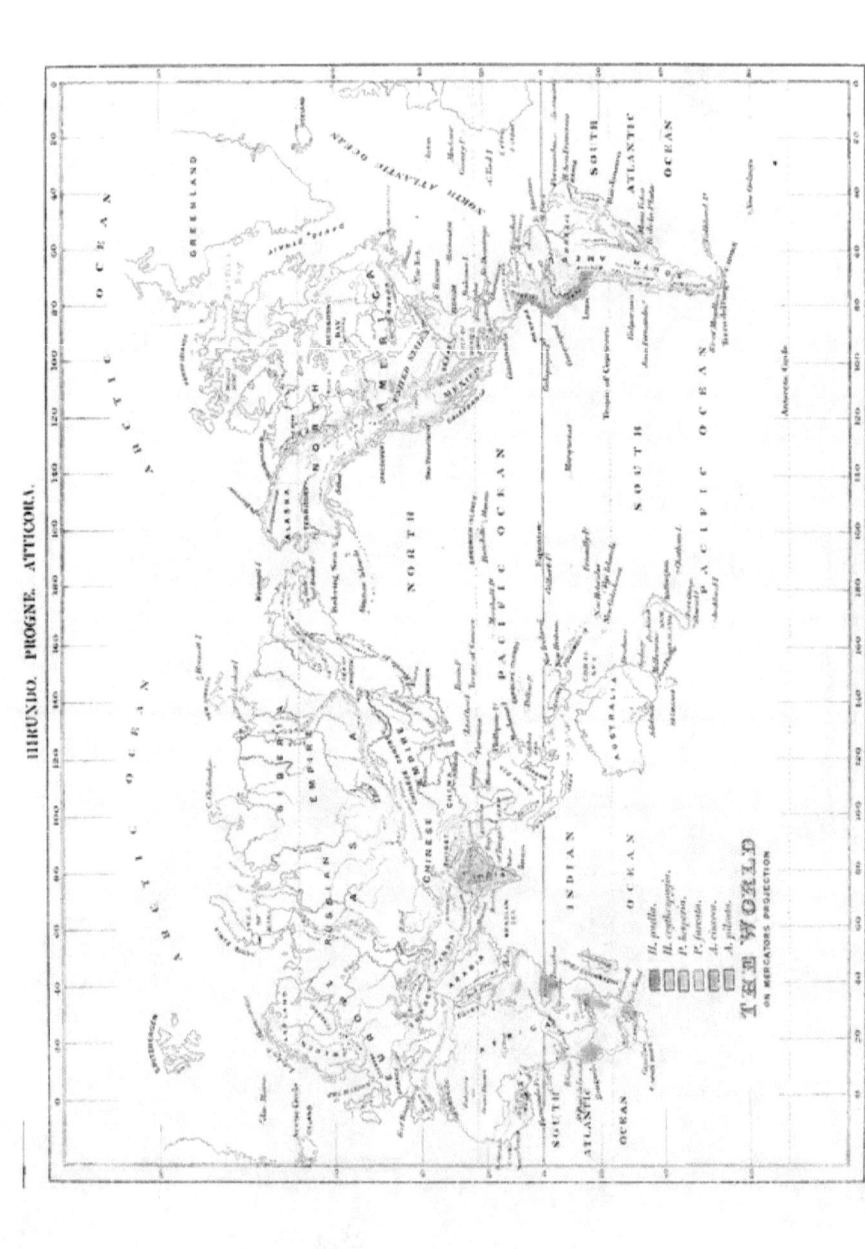

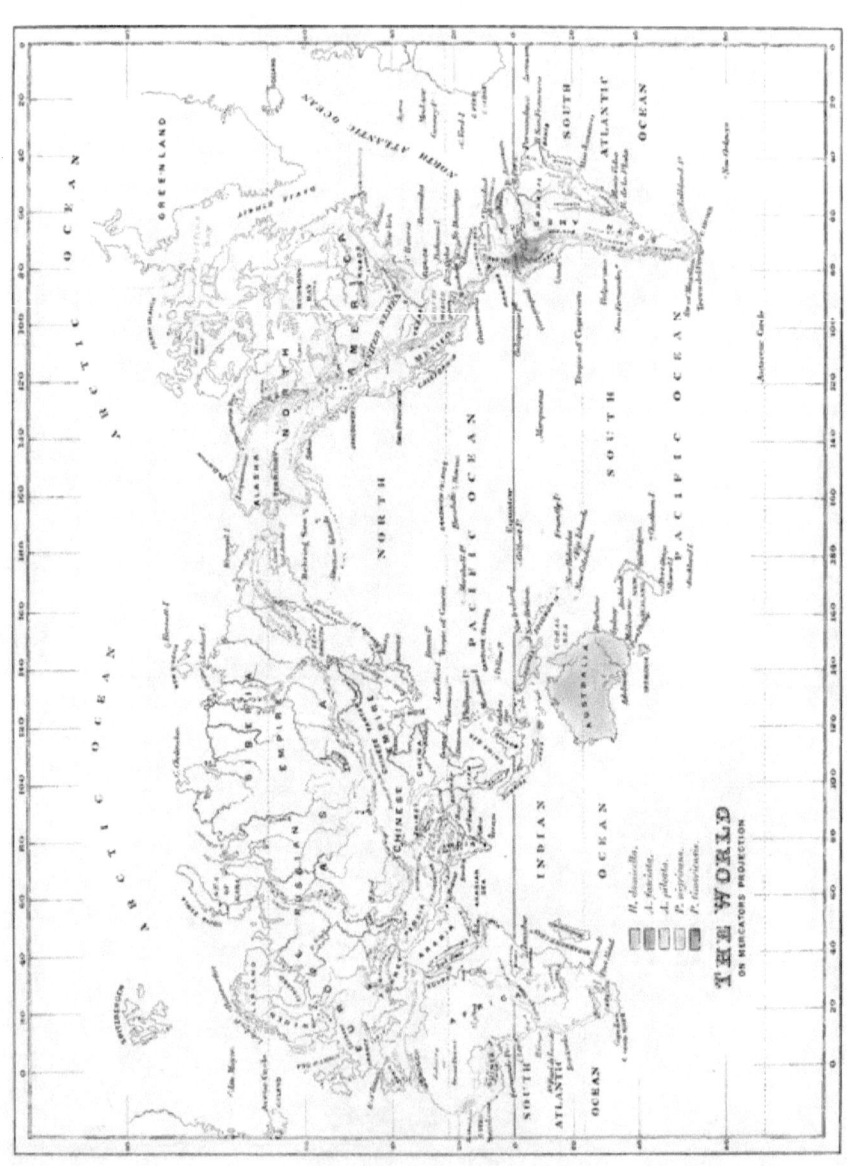

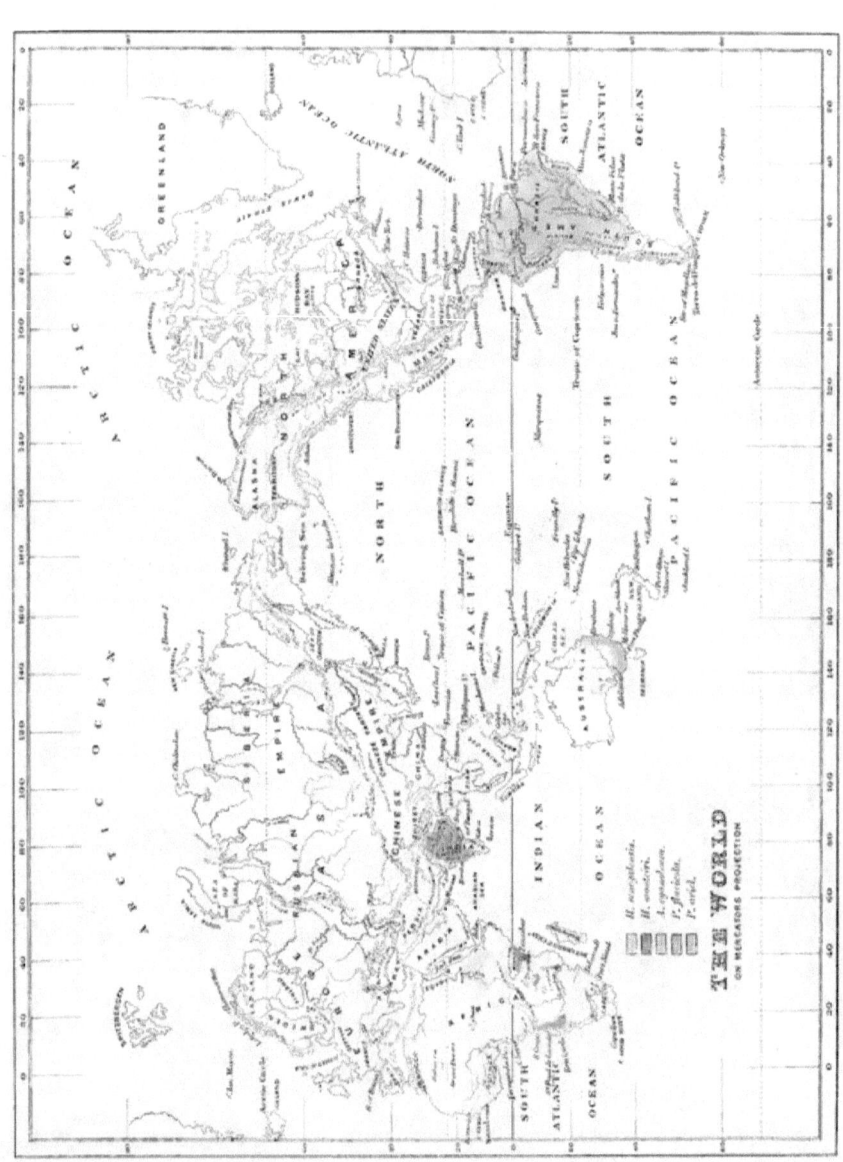

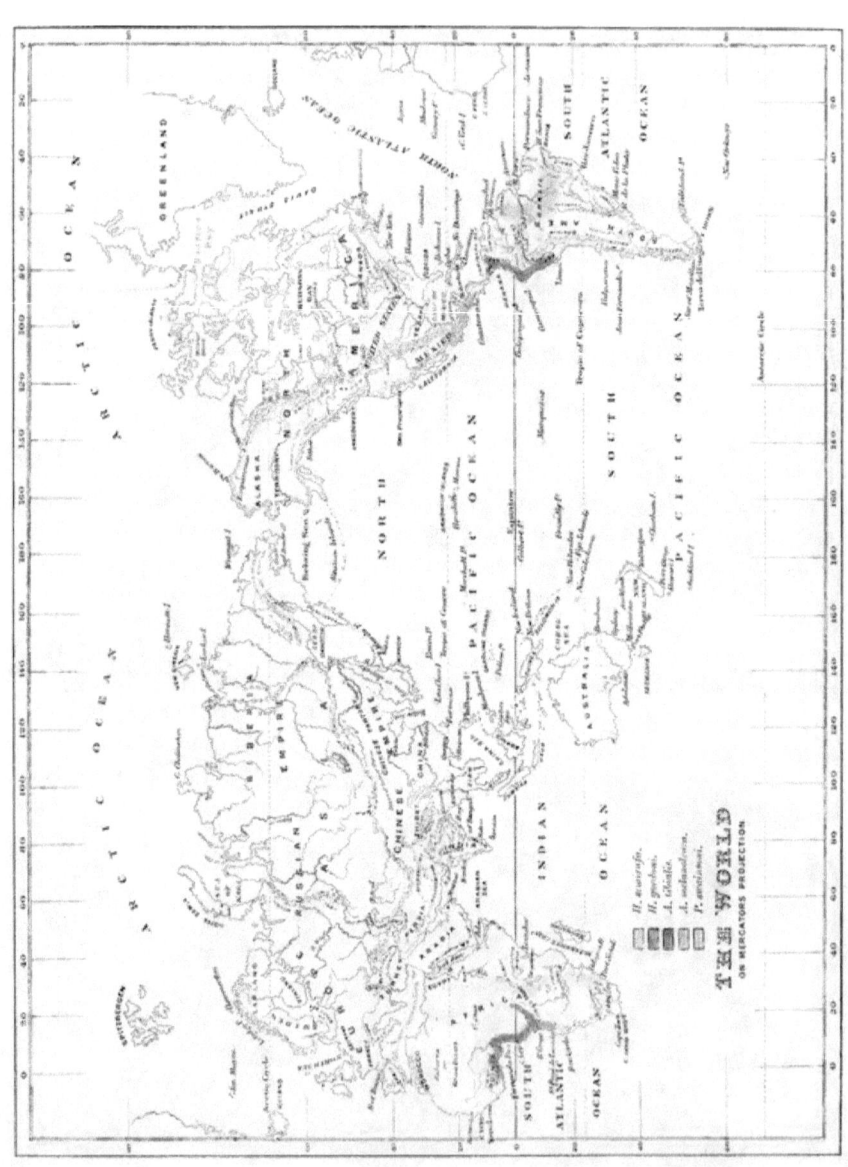

PROGNE PURPUREA

PROGNE CONCOLOR.

PROGNE DOMINICENSIS.

PROGNE CHALYBEA

PROGNE.

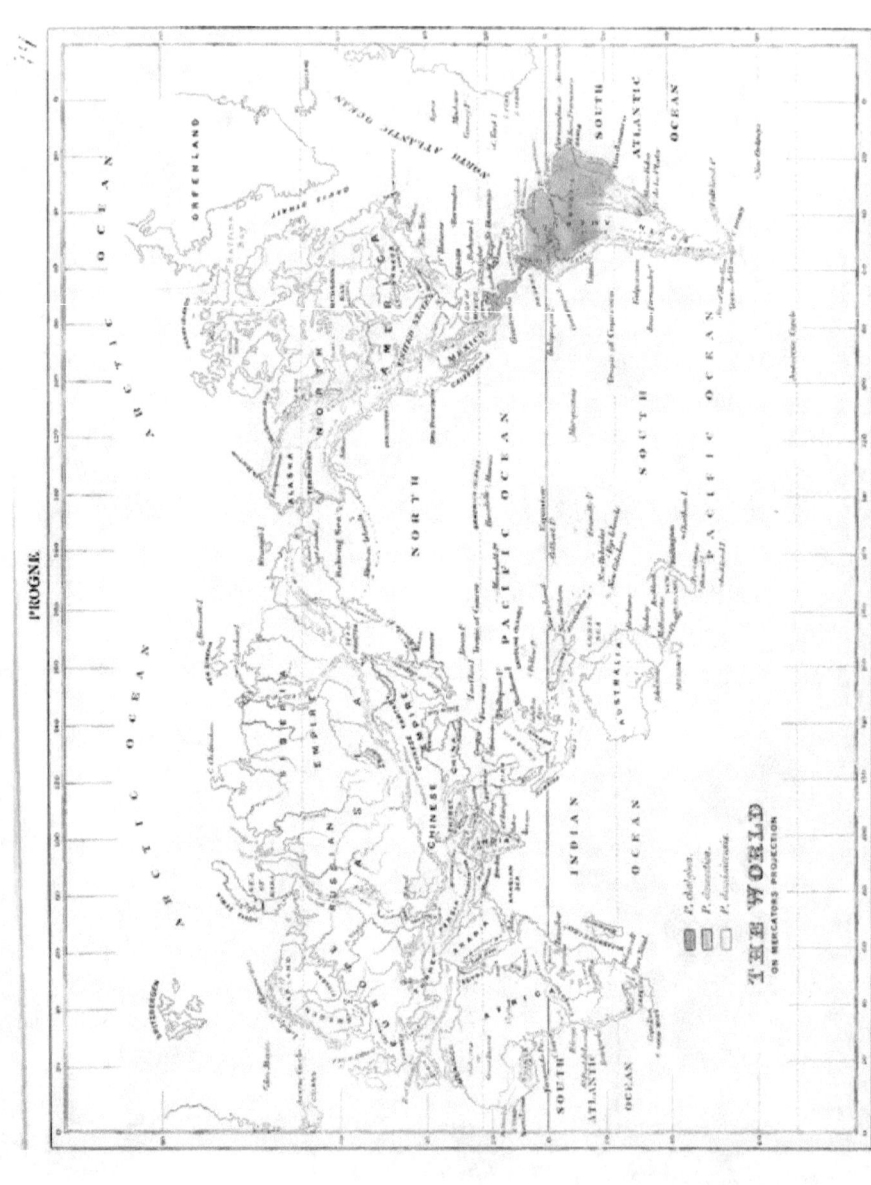

ATTICORA FASCIATA

ATTICORA TIBIALIS

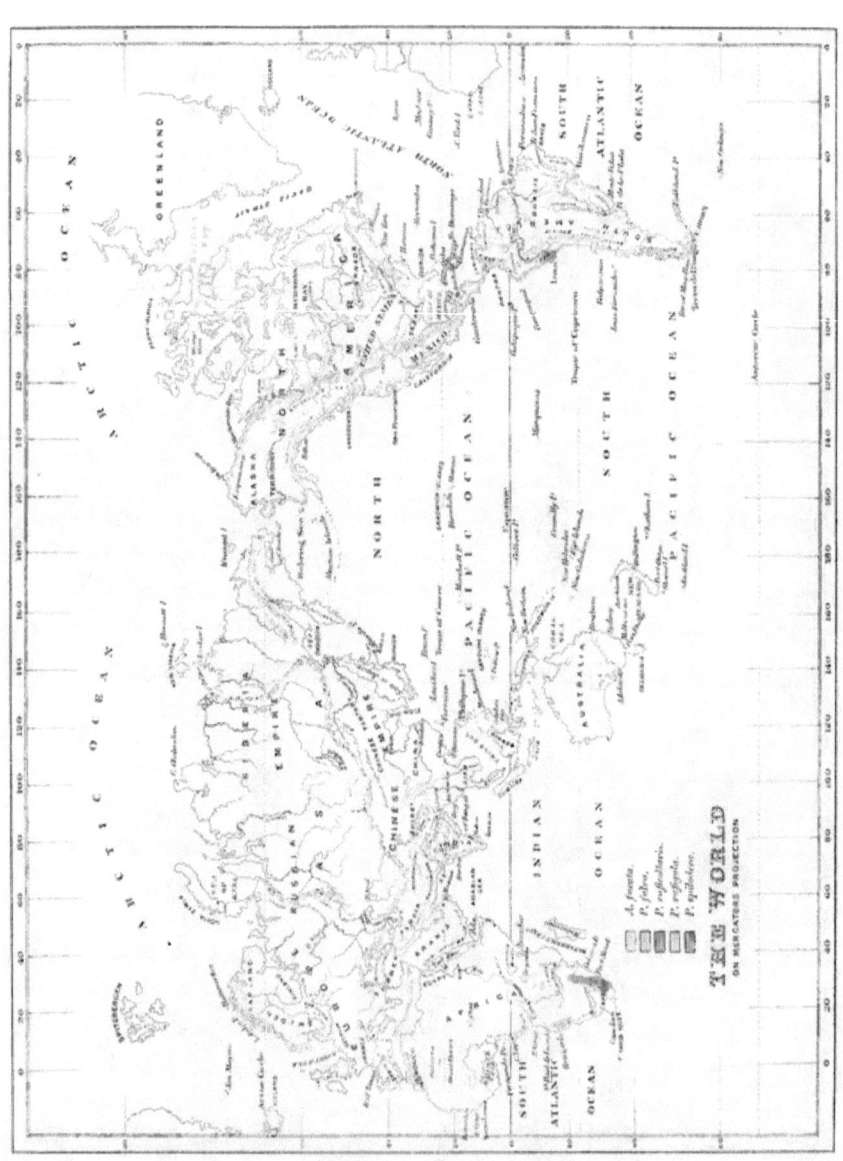

PETROCHELIDON NIGRICANS.

PETROCHELIDON SWAINSONI.

PETROCHELIDON SWAINSONI ERYTHROGASTRA.

+ PETROCHELIDON RUFICOLLARIS.

PETROCHELIDON RUFIGULA.

PETROCHELIDON FLUVICOLA.

PETROCHELIDON ARIEL.

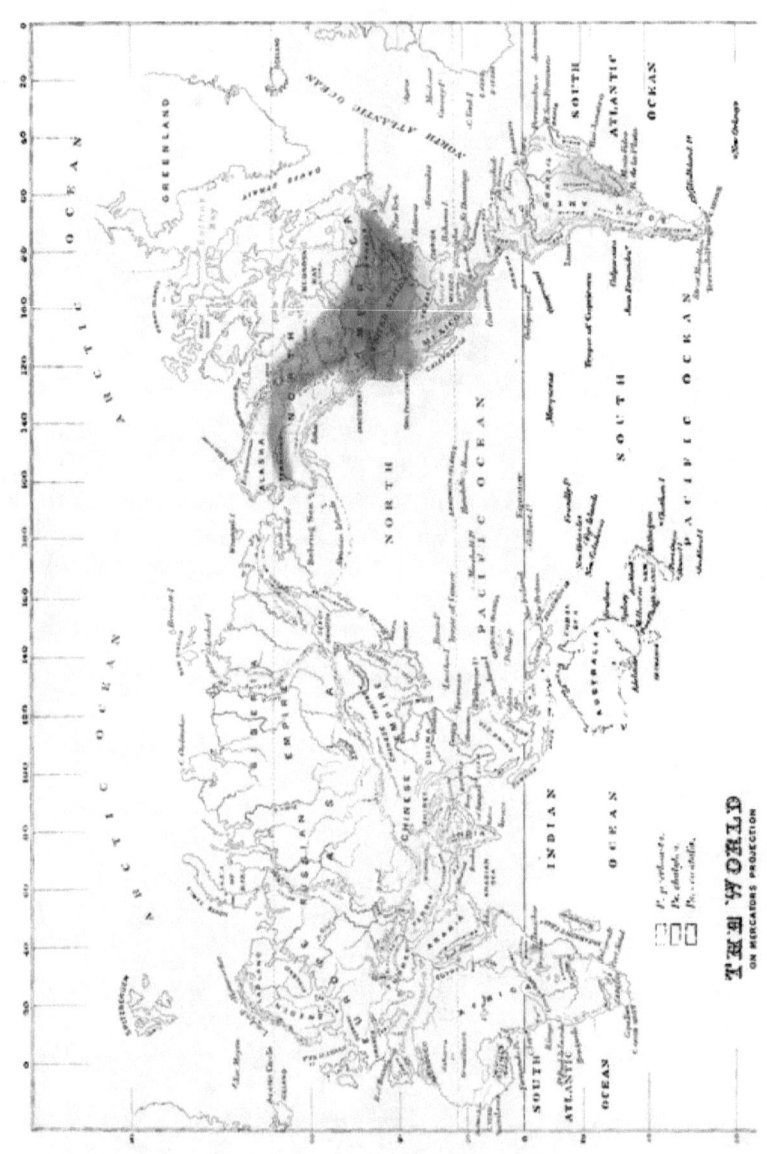

PSALIDOPROCNE HOLOMELÆNA

PSALIDOPROCNE OBSCURA

PSALIDOPROCNE NITENS

PSALIDOPROCNE ORIENTALIS

PSALIDOPROCNE PETITI.

PSALIDOPROCNE PRISTOPTERA

PSALIDOPHOONE.

THE WORLD
ON MERCATORS PROJECTION

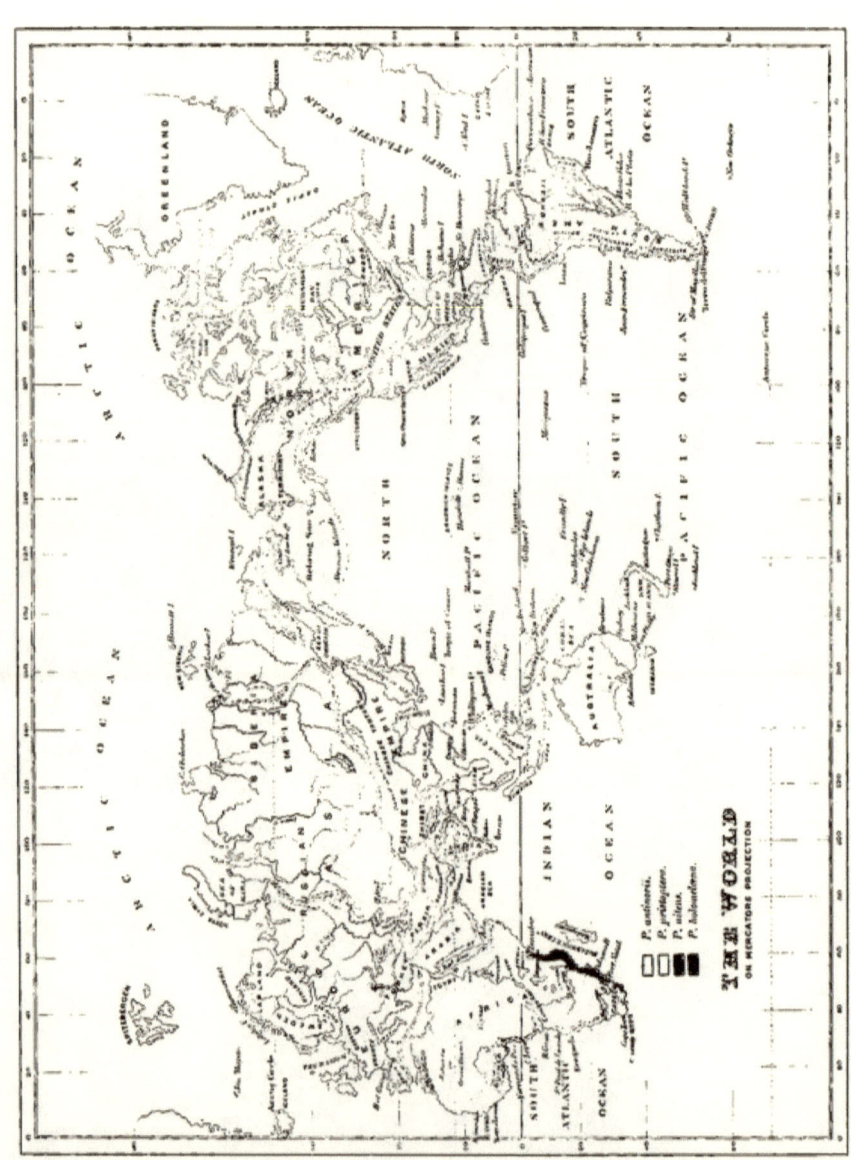

STELGIDOPTERYX SERRIPENNIS

STELGIDOPTERYX UROPYGIALIS.

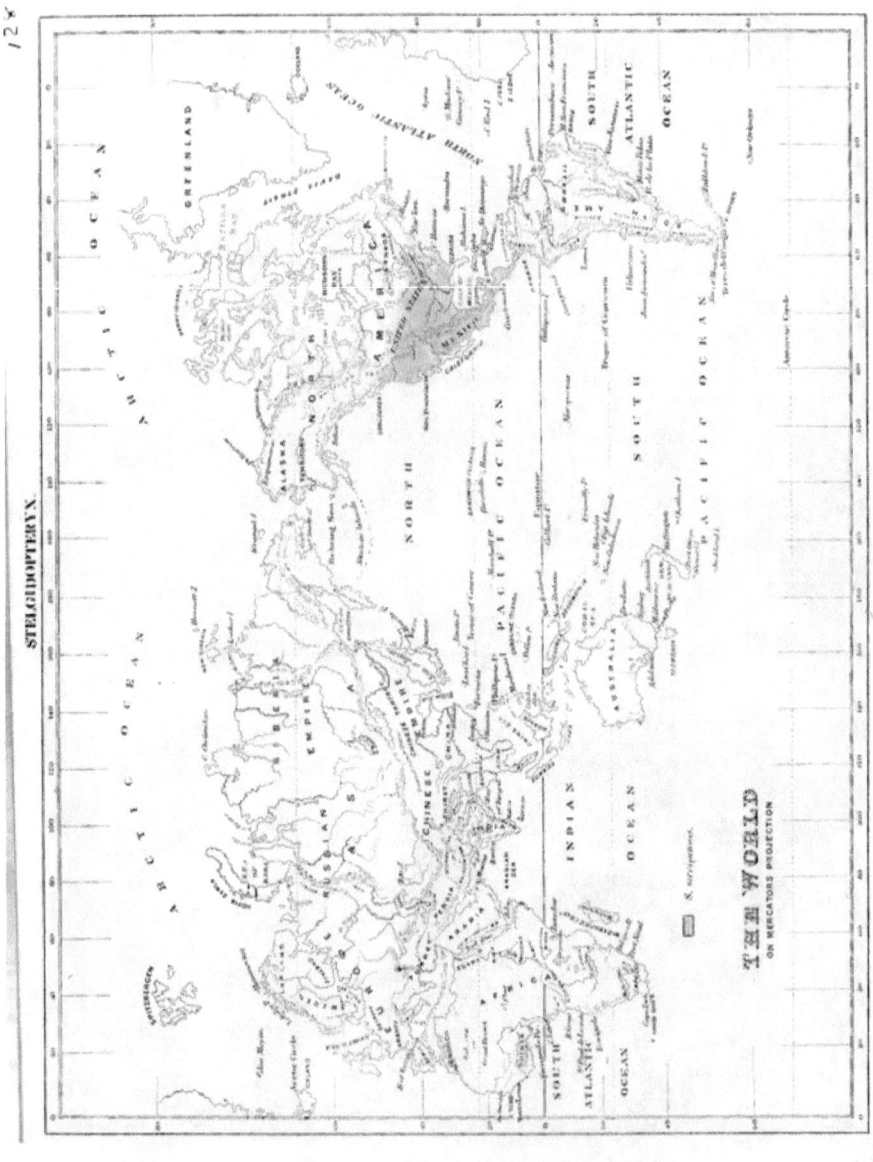

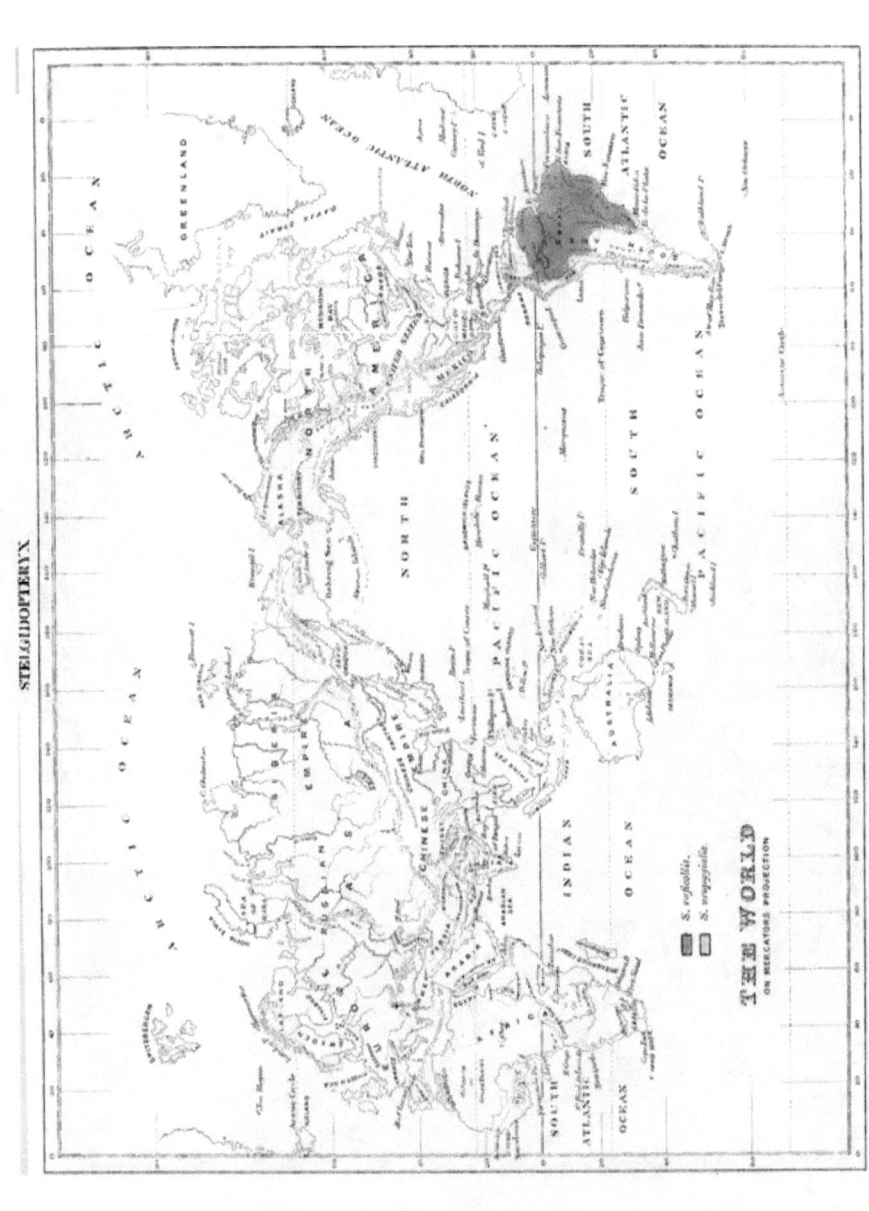

www.ingramcontent.com/pod-product-compliance
Lightning Source LLC
Chambersburg PA
CBHW032146230426
43672CB00011B/2467